物理启蒙第一课

5分钟趣味物理实验

这就是电

（英）杰奎·贝利（Jacqui Bailey）/著　朱芷萱/译

化学工业出版社

·北京·

BE A SCIENTIST INVESTIGATING ELECTRICITY by Jacqui Bailey

ISBN 9781526311092

Copyright © 2019 by Hodder& Stoughton. All rights reserved.

Authorized translation from the English language edition published by Wayland

本书中文简体字版由 HODDER AND STOUGHTON LIMITED 授权化学工业出版社独家出版发行。

北京市版权局著作权合同登记号：01-2021-5119

图书在版编目（CIP）数据

物理启蒙第一课：5 分钟趣味物理实验. 这就是电/（英）杰奎·贝利

（Jacqui Bailey）著；朱芷萱译. 一北京：化学工业出版社，2021.9（2022.1重印）

ISBN 978-7-122-39447-7

Ⅰ.①物… Ⅱ.①杰… ②朱… Ⅲ.①物理学—科学实验—儿童读物

②电工实验—儿童读物 Ⅳ.①O4-33②TM-33

中国版本图书馆CIP数据核字（2021）第134334号

责任编辑：马冰初　　　　　　　　　文字编辑：李锦侠
责任校对：边　涛　　　　　　　　　装帧设计：与众设计

出版发行：化学工业出版社（北京市东城区青年湖南街 13 号　邮政编码 100011）
印　　装：北京宝隆世纪印刷有限公司
889mm×1194mm 1/16　印张 10 ¹/₂　字数 100 千字　2022 年 1 月北京第 1 版第 2 次印刷

购书咨询：010-64518888　　售后服务：010-64518899
网　　址：http://www.cip.com.cn
凡购买本书，如有缺损质量问题，本社销售中心负责调换。

定　价：138.00 元 （全 6 册）　　　　　　　　　　版权所有 违者必究

目　录

走进电的世界 ⋯⋯⋯⋯⋯⋯⋯⋯⋯⋯⋯⋯⋯⋯⋯⋯⋯⋯ 1

电是什么? ⋯⋯⋯⋯⋯⋯⋯⋯⋯⋯⋯⋯⋯⋯⋯⋯⋯⋯⋯ 2

电是从哪里来的? ⋯⋯⋯⋯⋯⋯⋯⋯⋯⋯⋯⋯⋯⋯⋯⋯ 4

电池是什么? ⋯⋯⋯⋯⋯⋯⋯⋯⋯⋯⋯⋯⋯⋯⋯⋯⋯⋯ 6

电池的正确使用方法! ⋯⋯⋯⋯⋯⋯⋯⋯⋯⋯⋯⋯⋯ 8

电路是怎样工作的? ⋯⋯⋯⋯⋯⋯⋯⋯⋯⋯⋯⋯⋯⋯ 10

这些电路可以正常工作吗? ⋯⋯⋯⋯⋯⋯⋯⋯⋯⋯ 12

开关的工作原理是什么? ⋯⋯⋯⋯⋯⋯⋯⋯⋯⋯⋯⋯⋯⋯⋯⋯ 14

自己动手搭建一个电路吧! ⋯⋯⋯⋯⋯⋯⋯⋯⋯⋯⋯⋯⋯ 16

电流都可以传导吗? ⋯⋯⋯⋯⋯⋯⋯⋯⋯⋯⋯⋯⋯⋯⋯⋯⋯ 18

灯泡亮起来了! ⋯⋯⋯⋯⋯⋯⋯⋯⋯⋯⋯⋯⋯⋯⋯⋯⋯⋯⋯ 20

静电是电吗? ⋯⋯⋯⋯⋯⋯⋯⋯⋯⋯⋯⋯⋯⋯⋯⋯⋯⋯⋯⋯ 22

科学名词 ⋯⋯⋯⋯⋯⋯⋯⋯⋯⋯⋯⋯⋯⋯⋯⋯⋯⋯⋯⋯⋯⋯ 24

走进电的世界

电是什么？

电是一种能量，它可以让许多东西运作起来。

思维拓展
家中大部分机器如何运作？
- 你按下开关就能点亮吊灯。
- 插上电视机电源线才能打开电视。

多少家用机器是由电驱动的？

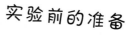

实验前的准备

1张横格纸

笔和尺子

什么机器需要电来使它工作？

1 在横格纸正中间画一条竖线。

2 在左侧栏中列出家里所有需要电驱动的机器。

实验解答
我们使用电是因为它是一种快捷方便的能源。它很容易被打开和关闭，所以可以根据需求随时使用。

3 在右侧栏中写下每样机器的用途。不确定的话可以问问大人。

4 根据用途将机器归类。比如，这些机器是发光的还是发热的，是传播声音图像的还是用来使物体运动的？

电是从哪里来的？

我们使用的电大多来自于大型发电站。这种电叫作民用电。

特别注意

民用电是很危险的，甚至可以致命。不要乱碰电源插座和插头。千万不要用民用电来进行试验。

实验前的准备
两张纸
1支铅笔
剪刀
胶水
1位大人帮忙

思维拓展
如何得到民用电呢？
· 它通过叫作电缆的粗电线被传送到千家万户。
· 它通过电缆被传输到家中墙壁后面的和天花板内的电线里。当电来到家中后会发生什么？

电在家中是如何工作的？

1 请大人带你观察以下物件，但不要用手触摸：
- 电表
- 墙上的插座和开关
- 插头
- 台灯或收音机

2 画下这几样物品。

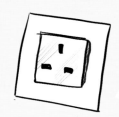

3 将画好的图裁下来，根据你认为的电流流经顺序为它们排序。排好顺序后粘在另一张纸上。

"

实验解答

我们需要电表、插座、开关和插头，是因为民用电能量非常大，这些设备有助于我们安全使用电能。

"

电池是什么？

电池就是一个小小的能量包。

实验前的准备
1个闹钟或秒表
铅笔和纸
请1～2位朋友一起做游戏

思维拓展
我们如何使用电池？
- 电池可以被装进各类小型机器中，如手表和手机。
- 使用电池的小型机器往往是便携的，可以随身携带。你能想出哪些使用电池的机器吗？

特别注意

电池通过内部化学物质发生反应来产生作用。触碰电池是安全的，但千万不要试图拆解电池观察内部。如果内部的化学物质沾到皮肤和衣服上可能会导致烧伤。

哪些机器使用电池？

1 用闹钟或秒表倒计时5分钟。

2 5分钟内，你和朋友分别列出用到电池的机器。

3 对比你们列出的清单。谁想到的机器最多？你们总共想出了多少种不同的机器？

4 在家中四处观察一下。你能找到多少使用电池的机器？

实验解答

我们使用电池是因为它们便于携带，用起来也很安全。电池只有在被安装进电器内之后才会发电。

电池的正确使用方法！

电池要以正确的方向装进电器内。

思维拓展

如何将电池装进电器内？

· 手机的设计决定了电池只能朝一个方向被安装进去。

· 电动玩具只有正确地装入电池才能使用。电池装进去时都朝什么方向？

实验前的准备

1个可以拆卸电池的

手电筒

电池如何使用？

1 按下手电筒开关，确认可以发光。

2 取出手电筒的电池仔细观察。电池的一端标有加号。这一端就叫作电池的正极。另一端则叫作负极，标有减号。

3 将两块电池正极相对装回手电筒里。再打开开关，手电筒能发光吗？

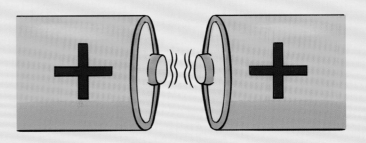

4 再次取出电池，放回去时让电池方向与步骤3中相反，两个负极相对。按下开关后会发生什么？

5 现在用你在步骤2取出电池时看到的方向把电池装回去。两块电池的正负极分别朝什么方向时手电才能发光？

"

实验解答

手电筒在第三次安装电池时才能发光，是因为此时电池安装方向正确。只有按正确的方向摆放电池，电池才能正常工作。很多电池驱动的仪器内部都会印上标记，提示电池的正确安装方向。

"

电路是怎样工作的？

为了让电工作，它必须在一个叫作电路的回路中流动。电路由不同的部分组成。

思维拓展

手电筒如何工作？

· 手电筒上有灯泡，只有通电才能发光。

· 手电筒里装有电池用来供电。

· 1个金属片将灯泡和电池连接起来，这样电才能在二者间流通。这就是电路。你能动手做出一个电路吗？

实验前的准备

1位大人帮忙

剪刀

两段有塑料包套的单股电线

1把小螺丝刀

1个灯座

1个3伏特的小灯泡

二号或五号电池（1.5伏特）

胶带

电路如何运作？

1 请大人帮忙把两段电线的两端各剥掉2厘米左右的塑料包套，用手把裸露出的金属芯捻一捻。

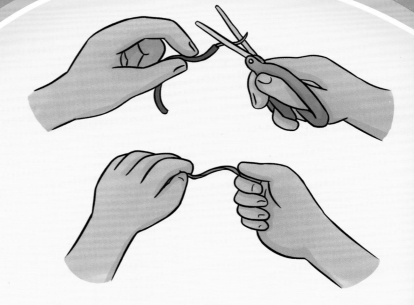

3 小心地把灯泡拧到灯座上。

2 用螺丝刀把灯座上的两枚螺丝拧松。把两段电线裸露的一端分别绕在螺丝上，再把螺丝拧紧，固定住电线。

4 将两段电线的另一端分别用胶带贴到电池的正负极上。确保裸露的电线与电池的金属连接点相接触。灯泡亮起来了吗？

这些电路可以正常工作吗？

如果电路中任何一部分的连接方式错误，那么电路就无法正常工作。

1 仔细观察以下三组电路。

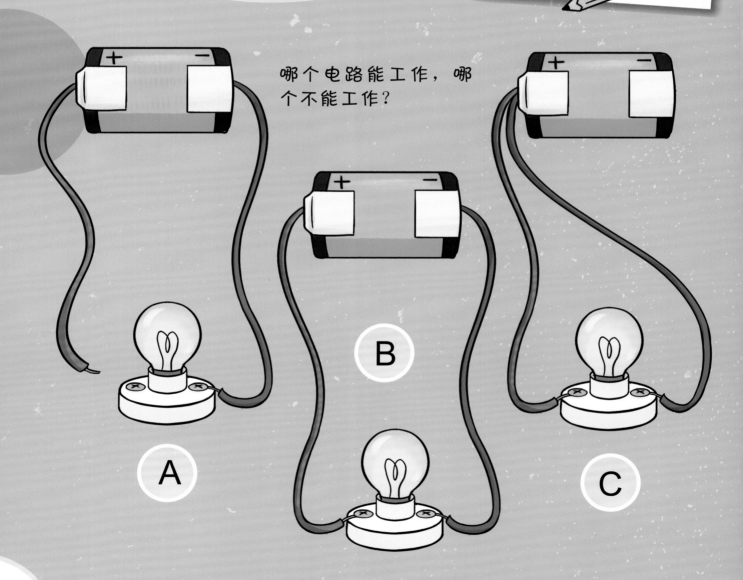

哪个电路能工作，哪个不能工作？

A

B

C

2 写下你认为灯泡能亮和灯泡不能亮的电路。

3 用准备好的电路组成部分依次搭建A、B、C三组电路。你的猜想是否正确？

> 实验解答
>
> 电路A无法工作，是因为电路不完整。电路中的灯泡和一段电线是断开的。电路C灯泡也不亮，因为两段电线都接在了电池的同一极，电应当从电池的一端流出再回到另一端才对。电路B可以工作，因为电可以从电池的一端出发流经灯泡，再回到电池的另一端。此时的电路是完整的。

开关的工作原理是什么？

开关是用来连通和切断电路的。

思维拓展

如何打开家中的电？

- 你可以通过操控收音机上的开关来打开或关闭收音机。
- 按下电脑上的开关可以启动或关闭电脑。

开关是怎样运作的呢？

实验前的准备

10～11页用到的电路组成部分

两枚金属图钉

1枚金属回形针

1块软木

另一段有塑料包套的单股电线

开关如何运作？

1 按10～11页组装电路，但其中一段电线不要连在电池上，而是缠绕在图钉上。

2 让这枚图钉穿过回形针钉在软木上。

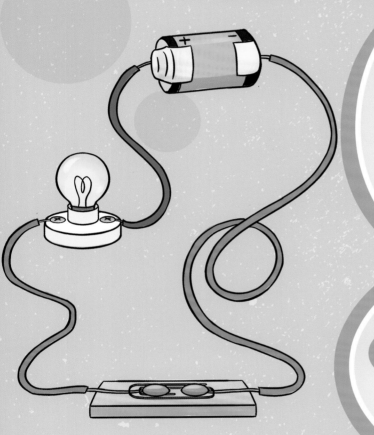

3 用第三段电线连接电池上没有电线的那一端和另一枚图钉。

4 把这枚图钉也钉在软木上（如左图）。让两枚图钉的间距与回形针等长。

5 回形针只触碰其中一枚图钉时会发生什么？回形针和两枚图钉都接触时又会发生什么？

实验解答

当回形针只触碰一枚图钉时灯泡不亮，因为电路中有一处没连上。电路断连的情况下不能形成电流。当回形针与两枚图钉都接触时，断处被连上了，电可以在电路中流动。回形针就是这个电路中的开关。开关的作用是使电路中的一处断开或连上。

自己动手搭建一个电路吧！

简单的电路有很多用途。通过制作一个电路小游戏来测测你的电路构建技能吧。

实验前的准备
蓝丁胶
1块木板
1个金属晾衣架
去除了包套的保险丝
胶带和剪刀
1块4.5伏特或9伏特的电池
1个蜂鸣警报器
3段电线
1把小螺丝刀

思维拓展
电路中的每一部分是如何连接在一起的？

你的手有多稳？

1 把一块蓝丁胶粘在木板中央。将晾衣架的钩子穿过蓝丁胶，使衣架直立。

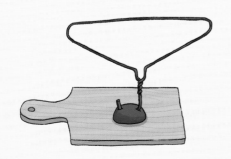

2 用保险丝绕衣架环一个圈，把保险丝的两端拧在一起做成一个把手，再用胶带缠绕把手做成手柄。

4

第三段电线连接电池和保险丝圈把手的顶端。在衣架底端缠一圈胶带，保险丝圈可以挂在这里"休息"。你能让保险丝圈沿着衣架移动而不触发警报器吗？

3 　　用一段电线连接警报器和衣架，另一段电线连接电池和警报器。

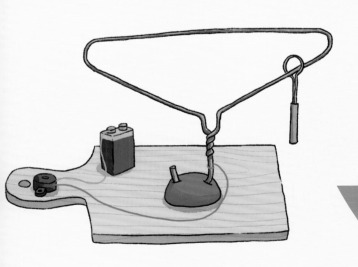

电流都可以传导吗？

电流在某些材料中流通得会比在另一些材料中更容易。容易导电的材料叫作导体，不容易导电的材料叫作绝缘体。

实验前的准备
14～15页用过的电路组成部分，但不需要开关
一些试验材料（如：木头，塑料尺子，纸，铝箔，玻璃，金属回形针，橡皮）
纸和笔

思维拓展
你之前是用哪些材料来制作电路的？
· 电通过电线传导流通，形成电路。
· 电线由金属制成，外面包裹一层塑料或橡胶。哪些材料是导体，哪些是绝缘体？

哪些材料是良好的导体？

1 按14～15页搭建电路，但不需要安装开关，两段电线间不接任何东西。

2 尝试将连接好的电线的两端接触，确定电路畅通。

3 现在逐个将测试材料接在这两段电线之间。

4 记下测试过的所有材料的名称，并记录它们是否能使灯泡亮起。

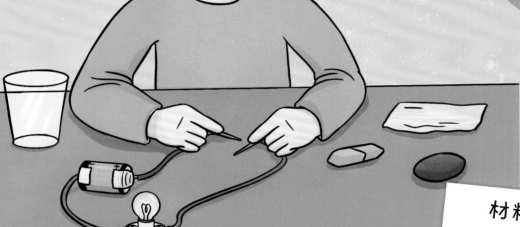

" 实验解答

金属材料可以使灯泡亮起，因为金属材料是良好的导体。电路中接上塑料或者木头等材料时灯泡不亮。这些材料是很好的绝缘体。为什么电线外层要用塑料包裹呢？ "

材料	灯是否亮起？
橡皮	否
玻璃	
卵石	
铝箔	

灯泡亮起来了!

电路中的组成部分又叫元件,一个电路里可以接上的元件数量是无穷无尽的。

思维拓展

有哪些不同种类的电路?

· 圣诞树上的彩灯串,每一串就是一个电路。插上电源时,所有灯泡都会同时亮起。当你往一个电路中添加元件时会发生什么?

实验前的准备

4段有塑料包套的电线

1块1.5伏特的电池

3个3~4.5伏特的灯泡

与灯泡匹配的灯座

胶带

剪刀

1把小螺丝刀

1块9伏特的电池

1 按10~11页的指示,用两段电线、1.5伏特的电池和1个灯泡搭建一个电路。

2 往这个电路中再加一段电线和一个灯泡，会出现什么现象？两个灯泡都亮着吗？

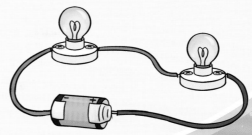

3 将1.5伏特的电池替换为9伏特的电池。现象出现变化了吗？

4 再加上一段电线和一个灯泡。这回有什么变化？所有灯泡都亮着吗？灯光是变亮了还是变暗了？

"

实验解答

在低电压电池支持的电路中加入更多灯泡后，灯光变暗了。这是因为每个灯泡分到的电压变小了。使用更强劲的电池时，每个灯泡都能分到足够的电压来维持灯光亮度。但是要注意，如果电池的电压过强，灯泡会被烧坏并熄灭。

"

静电是电吗？

不只电厂和电池可以产生电，自然界中也存在着电——静电。

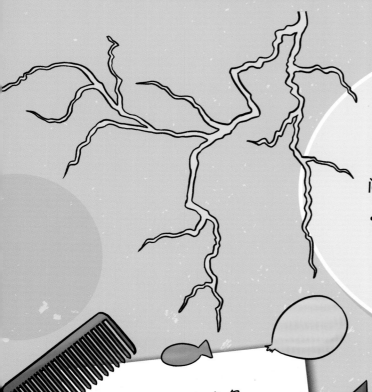

思维拓展
静电是什么？
• 闪电就是由静电造成的，是在瞬间发生的能量极大的发光发热现象。
• 脱下套头衫时常听到噼啪声，这就是静电发出的声音。
我们能用静电做些什么？

实验前的准备
1个吹起来的气球
1件羊毛衫
撕成小条的卫生纸
试验材料（如：木勺子，塑料梳子，铝箔）
纸和笔

如何制造静电？

1 在羊毛衫上摩擦气球。

2 把气球贴在墙上然后松手。发生了什么？

3 再次摩擦气球，然后让它靠近撕好的卫生纸条。纸条发生了什么？

4 在羊毛衫上摩擦其他试验材料，然后拿着靠近卫生纸条。哪些材料对纸条产生作用？记录下哪些材料有作用，哪些没有。

实验解答

气球和其他一些材料可以吸引卫生纸条，这正是因为有静电。摩擦物体可以使物体表面产生静电。带静电的物体可以吸引纸屑这种轻小物体。不同物体产生的静电，有些会使物体相互吸引，有些会使物体相互排斥。

科学名词

电池

电池就像小型便携发电站。它们可以通过混合两种化学物质来发电。某些电池中的化学物质会逐渐消耗殆尽，用干的电池就会被扔掉。还有一些电池可以充电并循环使用。

电路

电路是电流经的途径，有完整的电路才能使电器运作。电必须在完整的电路中循环流动，从电源（如电池）出发，最终回到电源。如果电路中有断连的地方，电就无法正常流通。

元件

元件是电路的构成部件。元件可能是需要电支持运作的仪器，比如灯泡、报警器或者发动机；也有可能是控制电流的仪器，比如开关。

导体

导体是允许电流轻松通过的材料。金属和普通的水都是良好的导体。

电

电是一种能量。我们使用电来照明、取暖，以及为各类机器供能。电只是能量的一种。人体利用食物的能量来运动和生长，汽车利用汽油的能量来驱动引擎。

绝缘体

绝缘体是可以减弱或者阻隔电流的材料。塑料和橡胶都是很好的绝缘体。

闪电

闪电是静电从云端向地面释放而引起的强烈闪光。

民用电

民用电是由大型发电站生产的电。发电站用煤炭或天然气等燃料发电。生产出的电被导入粗电线或电缆，输送至全国各地。电的传播速度极快，基本等同于光速300000千米/秒。

静电

静电是一种天然存在的电。静电不在电路中流通，而是在物体互相摩擦时产生于物体表面。如果积累了足够多的静电，静电就会被迫在两个物体间"跳跃"，同时产生小火花。

开关

开关用于控制电路中电流的通断。通过在电路中制造断连，开关可以阻断整个电路。有了开关，不需要用电时就可以切断电路，这样就能帮我们省电。

电压

电压可以用来衡量电池或民用电推动电路中电流的力量强度。这种推动力的强度可以以伏特为单位来计算。一块小电池上可能会标注"1.5伏（1.5伏特）"。强劲一些的电池可能标注着9伏特。如果一个电路中使用了多块电池（比如用了3块1.5伏特的电池），电路总电压就是多块电池电压之和（3×1.5=4.5伏特）。民用电非常强劲，电压足有220伏特。